I0505030

La revolución de la comunicación

Estrategias y herramientas para el comunicador del siglo XXI

Por: Marlon Genovez Iglesias

Mi esfuerzo va dedicado para mi bella familia.

Y al GranTODO por la vida a su lado.

INTRODUCCIÓN

En el vasto escenario de la sociedad moderna, la comunicación se ha convertido en una fuerza transformadora sin precedentes. Desde los tiempos más remotos, el ser humano ha buscado establecer conexiones, transmitir ideas y compartir experiencias. Sin embargo, en los últimos años, hemos presenciado una acelerada evolución del campo de la comunicación social, gracias al surgimiento de nuevas tecnologías que han modificado radicalmente la forma en que nos relacionamos y nos comunicamos.

En este fascinante viaje que emprenderemos a lo largo de estas páginas, exploraremos las diversas temáticas que definen el panorama actual de la comunicación social. Desde el surgimiento de las nuevas tecnologías y su impacto en nuestras vidas, hasta los desafíos y oportunidades que enfrentamos como sociedad en este cambiante entorno comunicativo.

Nos adentraremos en el estudio de las habilidades interpersonales fundamentales para los comunicadores sociales, aquellos conocimientos y competencias que les permiten establecer lazos significativos y transmitir mensajes de manera efectiva en un mundo cada vez más conectado.

Además, nos sumergiremos en el fascinante universo del periodismo en la era digital, donde la inmediatez y la democratización de la información plantean nuevos retos y dilemas éticos. Exploraremos cómo la comunicación organizacional y estratégica se ha convertido en un factor clave para el éxito de las empresas y organizaciones en un entorno altamente competitivo.

La comunicación política y de gobierno también jugará un papel fundamental en nuestro recorrido, desvelando la importancia de la construcción de mensajes persuasivos y la gestión efectiva de la imagen pública.

Pero la comunicación no solo se limita al ámbito empresarial y político. Abordaremos el poder de la comunicación para el cambio social, su capacidad para movilizar y sensibilizar a las masas en torno a temas de relevancia social, y la responsabilidad ética que conlleva esta tarea.

Además, examinaremos el papel de la investigación y el análisis de datos en el campo de la comunicación, y cómo estas herramientas nos permiten comprender mejor a nuestra audiencia y adaptar nuestros mensajes de manera más efectiva.

El diseño y la producción de contenido multimedia, así como la comunicación y el marketing digital, serán elementos clave en nuestro periplo. Descubriremos cómo la creatividad y la innovación se fusionan para cautivar a las audiencias y generar impacto en un mundo saturado de información.

En nuestro viaje también daremos espacio a la diversidad cultural y al medio ambiente, comprendiendo cómo la comunicación puede ser un puente entre diferentes culturas y cómo puede contribuir a la protección y conservación de nuestro planeta.

Finalmente, exploraremos las perspectivas futuras para la comunicación social. En un mundo en constante cambio, es fundamental anticiparnos a las transformaciones venideras y adaptarnos a las nuevas tendencias y tecnologías emergentes.

A lo largo de estas páginas, descubriremos que la comunicación social no es solo un área de estudio o una profesión, sino un verdadero catalizador del progreso y la transformación de nuestras sociedades. Vamos a embarcarnos juntos en este apasionante recorrido hacia la comunicación del siglo XXI, donde las ideas y las experiencias en el ámbito de la nueva comunicación nos invitan a mirar la profesión con una nueva perspectiva.

Tabla de contenido

La evolución del campo de la comunicación social

La evolución del campo de la comunicación social ha sido marcada por el rápido avance tecnológico y la creciente demanda de contenidos digitales. La tecnología ha transformado la manera en que se produce, distribuye y consume la información, lo que ha llevado a la creación de nuevos géneros periodísticos y formas de comunicación.

Entre los nuevos géneros periodísticos se encuentran el periodismo de datos, que utiliza técnicas de análisis y visualización de datos para contar historias; el periodismo ciudadano, que permite a los ciudadanos informar sobre acontecimientos en tiempo real a través de las redes sociales; y el periodismo inmersivo, que utiliza la realidad virtual y aumentada para crear experiencias inmersivas para el usuario.

Además, la proliferación de las redes sociales y las plataformas digitales ha llevado a una mayor fragmentación de la audiencia y a la necesidad de adaptarse a los nuevos formatos y tendencias. Los comunicadores sociales deben ser capaces de producir contenidos atractivos y relevantes para su audiencia en diferentes plataformas, desde blogs y redes sociales hasta podcasts y vídeos.

Por otro lado, el reto al que se enfrentan los nuevos comunicadores es la sobrecarga de información y la competencia cada vez mayor. La cantidad de información disponible en línea hace que sea difícil destacar y atraer la atención de la audiencia. Para superar este reto, los comunicadores deben ser capaces de producir contenidos de alta calidad y relevancia, así como de utilizar técnicas de marketing y branding para promocionar su trabajo y construir una audiencia leal.

La evolución de la profesión periodística ha sido marcada por el impacto de las Tecnologías de la Información y la Comunicación (TICs) en el periodismo formal e informal. Las TICs han transformado la manera en que se produce, distribuye y consume la información, lo que ha llevado a la creación de nuevos formatos y géneros periodísticos y a la proliferación de la información en línea.

En el periodismo formal, las TICs han permitido una mayor rapidez en la producción y distribución de noticias, así como una mayor interacción con la audiencia a través de las redes sociales y otras plataformas digitales. Los periodistas deben ser capaces de utilizar herramientas digitales para recopilar y analizar información, y producir contenidos atractivos y relevantes para su audiencia en diferentes formatos, desde artículos y reportajes hasta vídeos y podcasts.

Por otro lado, en el periodismo informal, las TICs han permitido a los ciudadanos convertirse en reporteros y producir contenidos a través de las redes sociales y otros medios digitales. El periodismo ciudadano ha abierto nuevas oportunidades para la participación ciudadana en la producción de noticias y ha generado un debate sobre la ética y la responsabilidad en la producción y difusión de la información.

Sin embargo, la proliferación de la información en línea también ha llevado a la propagación de noticias falsas y la desinformación, lo que ha generado un desafío para los periodistas y la necesidad de desarrollar habilidades para verificar y analizar la información en línea.

Nuevas tecnologías y su impacto en la comunicación

Las nuevas tecnologías han tenido un impacto significativo en la comunicación, proporcionando una amplia variedad de dispositivos y aplicaciones que han transformado la forma en que las personas se comunican, interactúan y consumen información.

Las tablets se han convertido en una herramienta popular para la comunicación, tanto para uso personal como profesional. Ofrecen una amplia variedad de aplicaciones y características que facilitan la comunicación en tiempo real, como el correo electrónico, videoconferencias y aplicaciones de mensajería instantánea.

Las redes sociales han cambiado la forma en que las personas se relacionan entre sí, permitiendo la interacción a través de una variedad de plataformas en línea. Los usuarios pueden conectarse con amigos, familiares y colegas, compartir información y crear comunidades en línea. Además, las redes sociales también se han convertido en una herramienta clave para la comunicación de noticias, ya que permiten a los periodistas y medios de comunicación llegar a una audiencia más amplia.

Los dispositivos Alexa y otros dispositivos de asistencia virtual también están transformando la forma en que las personas interactúan con la tecnología y la información. Los usuarios pueden realizar búsquedas en línea, programar recordatorios y controlar otros dispositivos mediante comandos de voz. Además, estos dispositivos también ofrecen información y entretenimiento, como noticias, deportes y música.

Los celulares han sido una herramienta de comunicación esencial durante décadas, pero en la actualidad son mucho más que eso. Los usuarios pueden acceder a una variedad de aplicaciones y funciones, como el correo electrónico, mensajes de texto, llamadas de voz y video, así como la navegación en línea y la transmisión de video en tiempo real.

Comunicación y sociedad: desafíos y oportunidades

La comunicación y la sociedad están íntimamente ligadas, y los desafíos y oportunidades que enfrentan los comunicadores son cada vez más complejos y cambiantes. Uno de los principales desafíos que enfrentan los comunicadores es la responsabilidad en temas de seguridad ciudadana, en los que su labor es fundamental para la prevención y la concientización de la población. Los comunicadores tienen la responsabilidad de informar de manera objetiva y veraz sobre las condiciones de seguridad, evitando la difusión de información falsa o engañosa que pueda generar pánico y desinformación en la sociedad. Además, deben trabajar en conjunto con las autoridades y los ciudadanos para promover la participación ciudadana y fomentar una cultura de prevención en la comunidad.

Otro desafío importante para los comunicadores es el manejo ético de la información. En la actualidad, la información se ha convertido en un bien preciado y la competencia por conseguir primicias y exclusivas es feroz. Por esta razón, los comunicadores deben ser conscientes de su responsabilidad ética en la selección, presentación y difusión de la información. La veracidad, la objetividad y la responsabilidad social deben ser valores fundamentales en la práctica comunicacional. En este sentido, la ética en el periodismo y la comunicación es esencial para garantizar la confianza y credibilidad en los medios y en los profesionales de la comunicación.

Por último, los comunicadores también tienen la oportunidad de generar espacios de buena convivencia ciudadana. La comunicación puede ser un instrumento poderoso para fomentar la convivencia pacífica, la tolerancia y el respeto hacia los demás. Los comunicadores pueden colaborar en la promoción de valores como la solidaridad, el diálogo y la cooperación, creando espacios de debate y reflexión que permitan a la sociedad enfrentar los desafíos actuales con una perspectiva más constructiva y colaborativa.

Habilidades interpersonales para el comunicador social

Las habilidades interpersonales son fundamentales para el comunicador social, especialmente en la era digital, donde las redes sociales y los nuevos formatos de comunicación han cambiado la forma en que las personas se comunican y consumen información. Con el advenimiento de las redes sociales, se han generado nuevas oportunidades y desafíos para los comunicadores sociales en términos de manejo de la imagen personal y profesional, y en la necesidad de diferenciarse de los youtubers o periodistas informales.

Las redes sociales se han convertido en una herramienta esencial para los comunicadores sociales, ya que les permiten conectarse con su audiencia, establecer relaciones duraderas y construir su marca personal. Sin embargo, para lograr esto, es importante que los comunicadores sociales tengan habilidades interpersonales como la empatía, la escucha activa, la capacidad de persuasión, la negociación y la resolución de conflictos.

Además, es importante que los comunicadores sociales estén al tanto de las exigencias técnicas de los nuevos formatos de redes sociales. Esto incluye conocer el funcionamiento de las diferentes plataformas, cómo optimizar el contenido para cada plataforma y cómo medir el impacto de su trabajo en cada una de ellas. También deben estar actualizados sobre las mejores prácticas para crear contenido visualmente atractivo, incluyendo imágenes y videos, y cómo adaptar su contenido a la era digital.

En este sentido, los comunicadores sociales deben ser conscientes de que los nuevos formatos de redes sociales presentan diferentes demandas y requisitos que los medios tradicionales. Por ejemplo, las redes sociales requieren de una producción constante de contenido y una interacción activa con los seguidores, lo que significa que los comunicadores sociales deben estar preparados para manejar una gran cantidad de información en tiempo real y ser capaces de responder rápidamente a los comentarios y preguntas de su audiencia.

Finalmente, es importante destacar que los comunicadores sociales deben tener una estrategia clara y bien definida para su presencia en las redes sociales. Esto implica conocer su audiencia, establecer objetivos claros, planificar el contenido y medir su impacto en cada plataforma. Solo de esta manera podrán construir una marca personal sólida y diferenciarse de los youtubers o periodistas informales.

El periodismo en la era digital

El periodismo en la era digital ha transformado significativamente la forma en que se producen y consumen las noticias. Los avances tecnológicos y la aparición de nuevas plataformas de medios digitales han ampliado el alcance y la velocidad con la que las noticias pueden ser difundidas, lo que ha generado una mayor competencia por la atención del público y una necesidad de adaptación por parte de los periodistas.

En este nuevo contexto, el periodismo en la era digital se ha caracterizado por una mayor rapidez y la necesidad de una producción constante de contenido. Los periodistas deben ser capaces de trabajar en un ambiente de ritmo rápido y estar preparados para cubrir las noticias en tiempo real, lo que implica una necesidad de actualización constante en cuanto a las últimas tecnologías y herramientas para el periodismo digital.

Además, el periodismo en la era digital ha abierto nuevas oportunidades para la personalización de contenido y la segmentación de audiencias. Las plataformas digitales permiten una mayor interacción con los lectores y la posibilidad de crear contenido que se adapte a los intereses específicos de cada grupo de usuarios, lo que a su vez permite a los periodistas alcanzar audiencias más amplias y específicas.

Sin embargo, el periodismo en la era digital también ha planteado nuevos desafíos y preocupaciones éticas. La inmediatez de la difusión de noticias ha generado una mayor necesidad de verificar y contrastar la información antes de su publicación, lo que implica una mayor responsabilidad por parte de los periodistas en cuanto a la exactitud y veracidad de la información.

Además, la fragmentación de las audiencias y la proliferación de fuentes de noticias ha generado una mayor competencia por la atención del público, lo que ha llevado a la proliferación de noticias falsas y la difusión de información errónea. Los periodistas deben ser capaces de discernir entre la información veraz y la información falsa, y trabajar para mantener altos estándares éticos en su trabajo.

Otro desafío importante para el periodismo en la era digital es la necesidad de monetizar el contenido en línea. La publicidad digital ha experimentado un crecimiento significativo en los últimos años, pero los periodistas deben ser conscientes de los riesgos de la dependencia de los ingresos publicitarios y la necesidad de encontrar nuevas fuentes de financiamiento para el periodismo de calidad.

Comunicación organizacional y estratégica

La comunicación organizacional y estratégica es un campo de la comunicación social que se enfoca en la gestión de la información y la comunicación en las empresas e instituciones, con el objetivo de mejorar su desempeño y lograr sus objetivos estratégicos. Aunque las empresas privadas y las instituciones públicas tienen similitudes en cuanto a su necesidad de comunicación interna y externa, existen algunas diferencias clave en cómo se aplican las estrategias de comunicación en cada tipo de organización.

En una empresa privada, la comunicación organizacional y estratégica se enfoca en la gestión de la reputación, la creación de una cultura empresarial positiva y la comunicación efectiva entre los diferentes departamentos y empleados. Los objetivos de comunicación suelen estar alineados con los objetivos de negocio de la empresa, y se utilizan diferentes herramientas y canales de comunicación, como boletines internos, reuniones, presentaciones, redes sociales y publicidad, para lograr estos objetivos.

Por otro lado, en una institución pública, la comunicación organizacional y estratégica se enfoca en la gestión de la información, la transparencia y la comunicación efectiva con la ciudadanía y los medios de comunicación. Las instituciones públicas tienen una mayor responsabilidad de rendir cuentas a la ciudadanía y de garantizar la transparencia en su gestión, lo que significa que la comunicación debe ser abierta y clara. Las estrategias de comunicación suelen incluir herramientas como boletines internos, informes de gestión, ruedas de prensa, redes sociales y sitios web, entre otros.

En ambos casos, es importante que la comunicación organizacional y estratégica se base en una comprensión profunda de los objetivos y necesidades de la organización, así como de los públicos a los que se dirige. Además, es fundamental que las estrategias de comunicación estén alineadas con la visión, misión y valores de la organización, y que se monitoreen y evalúen regularmente para garantizar su efectividad y realizar ajustes necesarios.

Comunicación política y de gobierno

La comunicación política y de gobierno es esencial para la construcción de una imagen positiva y una reputación sólida. En Ecuador, la falta de una buena comunicación ha sido evidente en los últimos períodos presidenciales, lo que ha llevado a una falta de confianza en el gobierno y a una percepción negativa de la gestión pública. Para mejorar la comunicación política y de gobierno en Ecuador, se deben implementar varias estrategias.

En primer lugar, se debe enfatizar la importancia de una comunicación transparente y clara en todos los niveles de gobierno. Esto significa que la información debe ser fácilmente accesible y comprensible para todos los ciudadanos, a través de canales de comunicación efectivos y adecuados. Además, se debe fortalecer la comunicación interna entre los miembros del gobierno para evitar la falta de cohesión y la emisión de mensajes contradictorios.

En segundo lugar, es necesario que se utilicen las redes sociales de manera efectiva y ética para llegar a una audiencia más amplia y diversa. Se deben establecer equipos de comunicación digital que sean responsables de la gestión de las redes sociales y de la creación de contenido atractivo y relevante para la ciudadanía.

En tercer lugar, se deben llevar a cabo campañas de comunicación masiva, con un mensaje claro y coherente, utilizando diferentes canales, incluyendo medios de comunicación tradicionales, redes sociales y publicidad exterior. Estas campañas deben ser diseñadas y ejecutadas de manera profesional y ética, evitando la manipulación y el engaño.

En cuarto lugar, se deben establecer canales de comunicación directa y efectiva con la ciudadanía, como audiencias públicas y consultas populares, para escuchar las necesidades y demandas de la sociedad y para generar un diálogo más efectivo y participativo.

Finalmente, se debe capacitar y profesionalizar el equipo de comunicación política y de gobierno, para que puedan llevar a cabo todas estas estrategias de manera efectiva y con un enfoque ético y responsable.

Comunicación para el cambio social

La comunicación para el cambio social es una estrategia que busca influir en los procesos de cambio social a través de la comunicación. En el contexto de la brecha social entre los ricos y los más pobres, una comunicación inclusiva es clave para lograr un cambio significativo.

Para ello, es necesario crear canales de comunicación que permitan la participación activa de las personas y comunidades que se ven afectadas por la brecha social. Estos canales deben ser inclusivos y accesibles, utilizando lenguaje y formatos que sean comprensibles para todas las personas. Además, es importante fomentar el diálogo y la colaboración entre los diferentes actores sociales, promoviendo la creación de alianzas y redes que permitan abordar de manera conjunta los problemas que afectan a la sociedad.

Otra estrategia clave es el fortalecimiento de la educación en medios y la alfabetización digital, con el fin de que las personas tengan las herramientas necesarias para participar de manera activa en los procesos de comunicación y para discernir la información que reciben.

En este sentido, las tecnologías de la información y la comunicación (TIC) pueden ser una herramienta valiosa para promover la comunicación inclusiva y el cambio social. Las redes sociales, por ejemplo, pueden ser utilizadas para crear comunidades en línea que fomenten el diálogo y la colaboración. Asimismo, los medios de comunicación tradicionales y digitales pueden ser utilizados para difundir mensajes que promuevan la inclusión y la equidad social.

Ética y responsabilidad en la comunicación social

La ética y la responsabilidad en la comunicación social son fundamentales para el ejercicio responsable de la profesión. Sin embargo, en muchos casos, el morbo y la comunicación parcial se utilizan con fines políticos y económicos. Este tipo de prácticas pueden generar graves consecuencias sociales, como la polarización de la opinión pública, la desinformación y la pérdida de credibilidad de los medios de comunicación.

En este sentido, es importante destacar la importancia de los códigos de ética y conducta que rigen la profesión periodística y la necesidad de que los comunicadores sociales los apliquen en su labor diaria. Estos códigos deben incluir principios como la veracidad, la imparcialidad, la objetividad y la responsabilidad social, entre otros.

En cuanto al uso del morbo, es importante que los comunicadores sociales eviten utilizarlo para generar audiencia o para favorecer a una determinada posición política o económica. La ética periodística debe primar por encima de los intereses económicos o políticos.

Asimismo, es necesario que los medios de comunicación fomenten la educación ciudadana y la alfabetización mediática para ayudar a las personas a entender cómo funciona la comunicación y cómo se deben interpretar las noticias. De esta manera, se puede fomentar una cultura de consumo crítico y responsable de la información.

En definitiva, la ética y la responsabilidad en la comunicación social son clave para el ejercicio responsable de la profesión. Es necesario que los comunicadores sociales se comprometan a aplicar estos principios en su labor diaria y a fomentar una cultura de consumo crítico y responsable de la información para contribuir a una sociedad más informada y participativa.

Investigación y análisis de datos en comunicación

El análisis de datos en comunicación es una herramienta clave para entender a las audiencias y poder diseñar estrategias de comunicación efectivas y adecuadas. Es importante trabajar con datos precisos y confiables, por lo que se deben utilizar métodos de investigación rigurosos y precisos para recopilarlos.

La georeferenciación es una técnica muy útil para la investigación y análisis de datos, ya que permite visualizar los datos de manera gráfica y espacial, lo que ayuda a entender patrones de comportamiento de los públicos y la distribución geográfica de los mismos. Esto es especialmente importante en la comunicación local o regional, donde los datos geográficos pueden ser una herramienta clave para diseñar estrategias de comunicación efectivas.

Es importante identificar los públicos objetivos, para lo cual se pueden utilizar diferentes técnicas de segmentación, como la demográfica, la psicográfica o la conductual. La segmentación permite entender las necesidades y comportamientos de los públicos, lo que ayuda a diseñar estrategias de comunicación más precisas y efectivas.

Sin embargo, el análisis de datos en comunicación también plantea desafíos éticos y de privacidad, ya que se deben respetar las normas de privacidad y protección de datos de las personas. Es importante trabajar con datos anonimizados y proteger la privacidad de los usuarios para garantizar una investigación y análisis de datos ético y responsable.

Diseño y producción de contenido multimedia

El diseño y producción de contenido multimedia es una de las habilidades esenciales para el comunicador social en la era digital. La creación de contenido multimedia implica combinar diferentes formatos, como texto, imágenes, audio y video, para crear una experiencia más completa y atractiva para el usuario.

En la actualidad, la mayoría de las personas consumen información a través de las redes sociales, y esto ha llevado a la aparición de nuevas plataformas de medios sociales, como Instagram, TikTok y YouTube, que ofrecen diferentes formatos y características para la creación de contenido multimedia. Es importante que los comunicadores sociales entiendan cómo aprovechar estas plataformas para llegar a su público objetivo.

Para diseñar y producir contenido multimedia efectivo, es necesario considerar varios aspectos clave, como la calidad del contenido, la estética visual, la duración del video, la frecuencia de publicación, la interacción con los usuarios y la optimización para los motores de búsqueda.

Además, los comunicadores sociales deben ser capaces de adaptar su contenido a diferentes plataformas y audiencias, teniendo en cuenta los requisitos específicos de cada plataforma y las preferencias de su público objetivo.

Cada red social tiene su propia dinámica y características, por lo que es importante tener en cuenta estas diferencias al producir y publicar contenido multimedia en cada una de ellas.

Twitter es una plataforma de microblogging que se centra en el texto. Los mensajes o "tweets" tienen un límite de caracteres, lo que hace que el contenido deba ser muy conciso y directo al punto. El contenido multimedia en Twitter generalmente se limita a imágenes y videos cortos, que pueden ayudar a llamar la atención de los usuarios.

Facebook es una red social más visual y completa que Twitter. Permite la publicación de una variedad de contenido multimedia, incluyendo imágenes, videos y GIFs. Además, los usuarios pueden interactuar con publicaciones de otros usuarios mediante comentarios y reacciones.

Instagram es una plataforma centrada en la imagen y el video, y es conocida por sus filtros y herramientas de edición de fotos. El contenido multimedia en Instagram se presenta en una cuadrícula, lo que significa que la calidad visual es especialmente importante para atraer a los usuarios. Además, los hashtags y las ubicaciones son importantes para hacer que el contenido sea descubierto por los usuarios.

TikTok es una plataforma de video corto que se ha vuelto muy popular entre los jóvenes. Permite la creación de videos creativos y divertidos que pueden tener un gran impacto. TikTok se centra en el entretenimiento y el humor, por lo que el contenido debe ser original, creativo y estar en línea con el estilo de la plataforma.

En resumen, para cada red social es necesario considerar la estrategia de contenido, incluyendo el formato y el estilo del contenido que se publicará en cada una de ellas, así como la audiencia objetivo. La producción de contenido multimedia efectivo para cada plataforma puede ayudar a mejorar la visibilidad y el alcance de la marca o el mensaje que se está comunicando.

Comunicación y marketing digital

La comunicación y el marketing digital están estrechamente relacionados, ya que ambos se enfocan en el uso de tecnologías digitales para comunicar mensajes y generar impacto en la audiencia. En este sentido, la comunicación integrada de marketing se refiere a la planificación, coordinación y ejecución de estrategias de comunicación en diferentes plataformas y canales de marketing para lograr un mensaje coherente y efectivo.

La comunicación integrada de marketing se enfoca en la creación de un mensaje consistente en todas las etapas del proceso de compra, desde la conciencia de la marca hasta la lealtad del cliente. Esto implica la selección adecuada de canales de comunicación y contenido en línea, incluyendo sitios web, redes sociales, publicidad digital, marketing por correo electrónico y marketing de contenido.

La clave de una comunicación integrada de marketing efectiva es la comprensión del público objetivo y la personalización del mensaje y contenido en función de sus necesidades y preferencias. Para ello, se requiere una investigación de mercado rigurosa y un análisis de datos para identificar las tendencias y comportamientos del público objetivo y adaptar el mensaje y la estrategia de marketing en consecuencia.

En la era digital, la comunicación integrada de marketing se ha convertido en una herramienta indispensable para cualquier organización que busque destacar en un mercado altamente competitivo y generar una experiencia positiva del cliente. La creación de contenido personalizado, la interacción en tiempo real con los clientes y la medición constante del éxito de la estrategia son algunos de los elementos clave de una comunicación integrada de marketing exitosa.

El marketing mix es un conjunto de herramientas tácticas que una organización utiliza para promocionar sus productos o servicios. En el caso de la comunicación social, se puede aplicar el concepto de marketing mix para diseñar una estrategia de comunicación eficaz. Las herramientas del marketing mix son conocidas como las 4P: producto, precio, promoción y lugar (o distribución). Sin embargo, algunos autores han ampliado este concepto a 7P, añadiendo la participación, el proceso y las personas.

En el caso de la comunicación social, el producto se refiere a los contenidos que se van a difundir, ya sea a través de medios tradicionales o digitales. Es importante que estos contenidos se ajusten a las necesidades e intereses del público objetivo y que sean atractivos y relevantes. En cuanto al precio, se puede entender como el costo de producción y difusión de los contenidos. En este sentido, es importante buscar un equilibrio entre el costo y el valor que se ofrece al público.

La promoción se refiere a todas las actividades que se realizan para dar a conocer los contenidos a través de diferentes medios de comunicación y canales. En este caso, se deben elegir los medios y canales adecuados según el público objetivo y el tipo de contenido que se va a difundir. Por ejemplo, para un público más joven, las redes sociales pueden ser más efectivas que los medios tradicionales.

El lugar o distribución se refiere a los canales de distribución de los contenidos. En el caso de la comunicación social, esto implica elegir los canales digitales adecuados para llegar al público objetivo. Por ejemplo, si se busca llegar a una audiencia más joven, se pueden utilizar plataformas como TikTok o Instagram.

La participación se refiere a la interacción con el público a través de comentarios, encuestas, concursos y otros medios. Esto permite una mayor conexión con el público y una retroalimentación importante para mejorar los contenidos.

El proceso se refiere a la manera en que se producen y distribuyen los contenidos. Es importante que este proceso sea eficiente y efectivo, para garantizar la calidad y la oportunidad de los contenidos.

Finalmente, las personas se refieren a los miembros del equipo encargado de la producción y difusión de los contenidos. Es importante contar con un equipo con habilidades y conocimientos adecuados para desarrollar una estrategia de comunicación efectiva.

Comunicación y diversidad cultural

La comunicación y diversidad cultural es un tema crucial en países como Ecuador, que cuenta con una gran variedad de nacionalidades y culturas indígenas. Es importante tener en cuenta que cada cultura tiene sus propias normas, valores y costumbres, lo que significa que las estrategias de comunicación deben ser adaptadas y personalizadas para ser efectivas.

En el contexto de la comunicación social y marketing, la diversidad cultural debe ser considerada como un factor clave en la elaboración de campañas publicitarias y estrategias de comunicación. Es fundamental reconocer las diferencias culturales para no caer en estereotipos o generalizaciones que puedan ofender a ciertos grupos.

Un ejemplo de ello es el uso de lenguajes y símbolos culturales en las campañas publicitarias, ya que pueden ser interpretados de manera diferente por distintas culturas. Por tanto, es importante considerar la inclusión de diferentes representaciones culturales y perspectivas en las estrategias de comunicación, para no excluir a ciertos grupos y aumentar la efectividad de las campañas.

Además, es importante reconocer la importancia del multiculturalismo en la sociedad y fomentar la inclusión y el respeto hacia las distintas culturas. La comunicación social y marketing puede jugar un papel importante en la promoción de la diversidad cultural y en la creación de un ambiente inclusivo.

En este sentido, autores como Hall (1997) y Hofstede (1980) han desarrollado teorías sobre la diversidad cultural, las cuales pueden ser aplicadas a la comunicación social y marketing. La teoría de Hall, por ejemplo, se enfoca en la comprensión de las diferencias culturales en términos de comunicación no verbal y cómo éstas pueden afectar la percepción de un mensaje. Mientras tanto, Hofstede se enfoca en el análisis de las diferencias culturales en términos de valores y actitudes, y cómo éstas pueden influir en las percepciones y comportamientos de los consumidores.

Comunicación y medio ambiente

La comunicación y el medio ambiente son dos temas que están interconectados en el mundo actual, y Ecuador no es la excepción. La comunicación puede ser un medio efectivo para la promoción de una cultura de conservación y protección del medio ambiente, así como para crear conciencia sobre la necesidad de cambiar las prácticas humanas en relación a los recursos naturales.

En Ecuador, existe una gran biodiversidad debido a su ubicación geográfica y a su diversidad climática. Sin embargo, también hay una larga historia de explotación de los recursos naturales, especialmente de los recursos hídricos, y de una falta de regulación y protección efectivas. Por lo tanto, la comunicación puede ser una herramienta importante para crear conciencia sobre estos problemas y para promover soluciones.

Una de las principales formas en que la comunicación puede ayudar a abordar los problemas ambientales es a través de la educación y la sensibilización del público. Los medios de comunicación, tanto tradicionales como digitales, pueden ser utilizados para difundir información y noticias sobre el medio ambiente, así como para proporcionar herramientas y recursos para que las personas puedan tomar medidas prácticas para reducir su impacto ambiental.

Además, la comunicación también puede ser utilizada para influir en la toma de decisiones políticas en relación al medio ambiente. Los grupos de interés pueden utilizar los medios de comunicación para hacer presión y para promover políticas que protejan y conserven los recursos naturales, y para responsabilizar a los actores públicos y privados que no estén cumpliendo con sus obligaciones ambientales.

Otro aspecto importante en la comunicación y el medio ambiente es la creación de alianzas y redes entre diferentes actores, incluyendo a las comunidades locales, las organizaciones ambientales, el sector privado y el gobierno. Estas alianzas pueden ayudar a fomentar un enfoque más integral para la protección del medio ambiente y para la promoción del desarrollo sostenible.

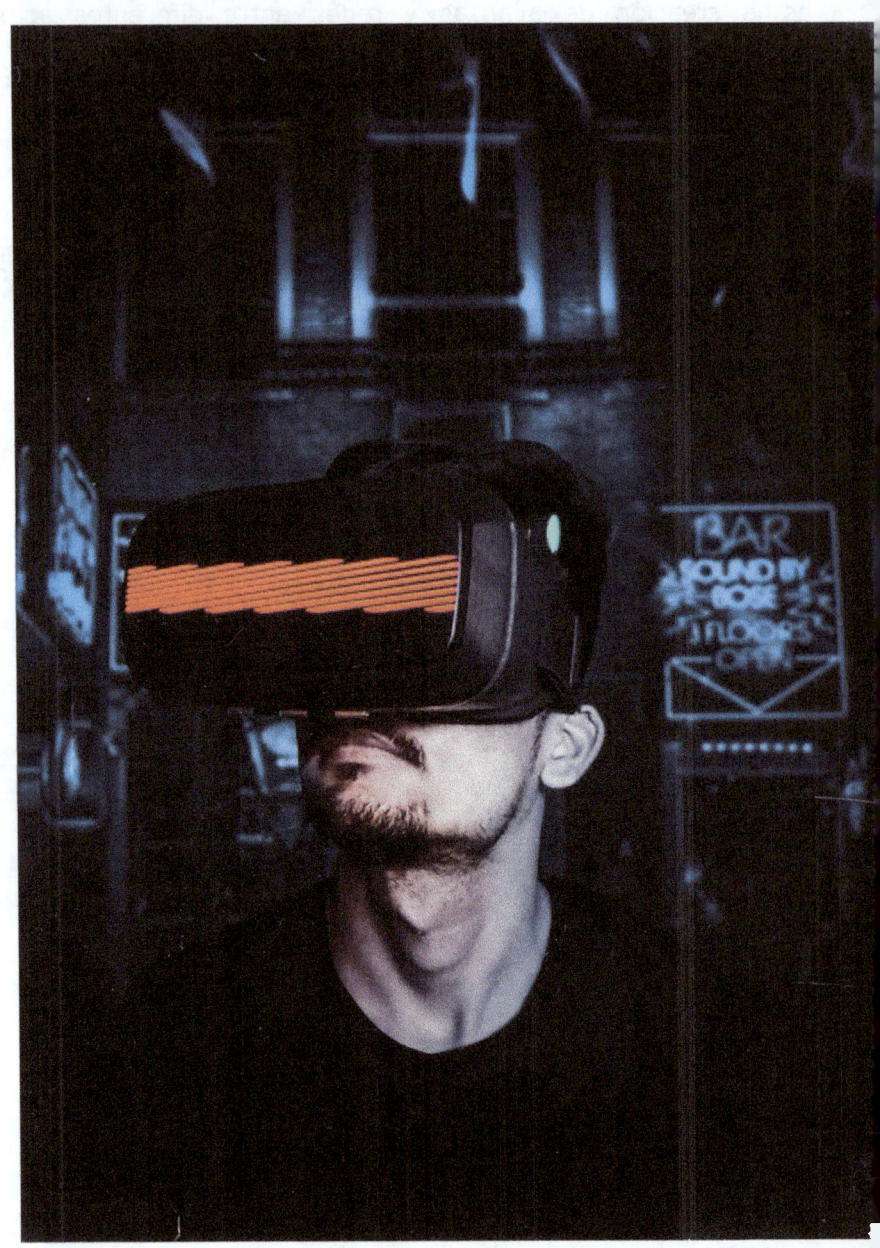

Perspectivas futuras para la comunicación social.

La comunicación social se ha convertido en una disciplina fundamental en la sociedad moderna, y su importancia solo seguirá creciendo en el futuro. Por tal motivo podemos analizar algunas de las perspectivas futuras para la comunicación social, incluyendo la evolución de las tecnologías de la información y la comunicación, la creciente importancia de la comunicación interpersonal y la necesidad de una mayor responsabilidad ética.

La evolución de las tecnologías de la información y la comunicación seguirá siendo una de las principales fuerzas que impulsan la evolución de la comunicación social. La aparición de nuevas tecnologías, como la inteligencia artificial, la realidad virtual y aumentada, y el internet de las cosas, está transformando la forma en que las personas interactúan y se comunican entre sí y con el mundo en general. Estas tecnologías también están abriendo nuevas posibilidades para la comunicación social, como la capacidad de personalizar el contenido y la experiencia del usuario y la creación de comunidades en línea más dinámicas y autónomas.

Otro factor importante que influirá en la comunicación social en el futuro es la creciente importancia de la comunicación interpersonal. A medida que la tecnología se vuelve más ubicua y la comunicación se vuelve más instantánea, las personas buscarán formas más auténticas de comunicarse y conectarse con los demás. Esto puede manifestarse en una mayor valoración de la comunicación cara a cara, así como en una mayor demanda de contenido auténtico y personalizado.

Por último, la necesidad de una mayor responsabilidad ética también será un factor clave en la evolución de la comunicación social en el futuro. A medida que las tecnologías de la comunicación se vuelven más avanzadas y omnipresentes, aumenta el riesgo de que se utilicen de forma inapropiada o malintencionada. Por lo tanto, la ética y la responsabilidad serán fundamentales para garantizar que la comunicación social se utilice de manera positiva y constructiva.

Errores que se cometen al momento de comunicar.

Algunos de los errores más comunes que se cometen al realizar un video comunicacional son los siguientes:

Falta de planificación: No tener una estrategia clara y objetivos definidos antes de comenzar a grabar puede llevar a un video confuso y poco efectivo. Es importante tener en cuenta el mensaje que se desea transmitir y el público objetivo al que se dirige.

Duración excesiva: Los videos comunicacionales deben ser concisos y captar la atención del espectador desde el principio. Si el video es demasiado largo, es probable que pierda interés y no logre transmitir el mensaje de manera efectiva.

Mala calidad técnica: La calidad del video es crucial para transmitir un mensaje profesional y confiable. Errores como una iluminación deficiente, un audio inaudible o una imagen borrosa pueden afectar la percepción del espectador y restarle credibilidad al contenido.

Contenido irrelevante: Es importante asegurarse de que el contenido del video sea relevante y esté enfocado en el mensaje principal. Incluir información innecesaria o desviar la atención del objetivo principal puede confundir al espectador y disminuir el impacto del video.

Falta de estructura: Los videos comunicacionales deben tener una estructura clara y organizada para facilitar la comprensión del mensaje. Saltar de un tema a otro sin una secuencia lógica puede dificultar la asimilación de la información por parte del espectador.

No adaptarse al público objetivo: Es fundamental conocer al público al que se dirige el video y adaptar el lenguaje, tono y estilo visual para conectar con ellos. No comprender las características demográficas, intereses o necesidades de la audiencia puede llevar a un video ineficaz.

Falta de llamada a la acción: Un error común es no incluir una llamada a la acción al final del video. Es importante indicar al espectador qué acción se espera que realice después de ver el video, ya sea visitar un sitio web, suscribirse a un canal, realizar una compra, etc.

Estos son solo algunos de los errores más comunes que se cometen al realizar un video comunicacional. Es importante aprender de estos errores y buscar la mejora continua en la producción de videos para lograr resultados más efectivos.

Al realizar una entrevista, existen varios errores comunes que se pueden cometer. Aquí tienes algunos de ellos:

Falta de preparación: No investigar lo suficiente sobre el entrevistado o el tema de la entrevista puede llevar a preguntas irrelevantes o a no aprovechar al máximo la oportunidad de obtener información valiosa. Es importante investigar y prepararse adecuadamente antes de la entrevista.

Preguntas confusas o ambiguas: Formular preguntas poco claras puede confundir al entrevistado y dificultar la obtención de respuestas concretas. Es importante ser claro y conciso al plantear las preguntas para obtener la información deseada.

Interrumpir al entrevistado: Cortar o interrumpir constantemente al entrevistado puede ser considerado como falta de respeto y puede inhibir su disposición a compartir información. Es esencial permitir que el entrevistado se exprese completamente antes de intervenir.

No escuchar activamente: No prestar atención o distraerse durante la entrevista puede llevar a perder detalles importantes o dejar de hacer preguntas de seguimiento relevantes. Es importante estar completamente presente y escuchar activamente al entrevistado para aprovechar al máximo la oportunidad.

No mantener el control de la entrevista: Si el entrevistador no establece y mantiene el control de la entrevista, puede desviarse del tema principal o perder el tiempo en asuntos irrelevantes. Es esencial guiar la entrevista y asegurarse de que se cubran los puntos importantes.

No adaptarse al entrevistado: Cada entrevistado es único y puede tener diferentes necesidades, estilos de comunicación y niveles de comodidad. No adaptarse a estos factores puede hacer que el entrevistado se sienta incómodo o dificulte el flujo de la conversación. Es importante ser flexible y ajustarse al estilo y las necesidades del entrevistado.

No seguir una estructura o planificación: Una entrevista desorganizada puede llevar a saltar de un tema a otro sin una secuencia lógica o a olvidar preguntas importantes. Es esencial tener una estructura o planificación clara para guiar la entrevista y asegurarse de que se cubran todos los aspectos relevantes.

Estos son algunos de los errores más comunes que se cometen al realizar una entrevista. Es importante aprender de ellos y practicar para mejorar tus habilidades de entrevista con el tiempo.

Al realizar un programa de noticias radial, es posible cometer varios errores comunes. Aquí tienes algunos de ellos:

Falta de verificación de la información: Publicar noticias sin verificar su autenticidad y confiabilidad puede llevar a la difusión de información incorrecta o falsa. Es importante asegurarse de confirmar los hechos y contar con fuentes confiables antes de informar sobre una noticia.

Sesgo y falta de imparcialidad: Presentar las noticias desde una perspectiva parcial o con sesgo puede socavar la credibilidad del programa y afectar la confianza de los oyentes. Es esencial mantener una postura imparcial y presentar los hechos de manera objetiva.

Falta de contexto y análisis: Simplemente leer los titulares o proporcionar información superficial sin un análisis adecuado puede limitar la comprensión de los oyentes sobre los temas presentados. Es importante proporcionar contexto relevante y análisis en profundidad para permitir una comprensión completa de las noticias.

Mala pronunciación o dicción deficiente: Una dicción inadecuada o pronunciación incorrecta puede dificultar la comprensión de los oyentes y disminuir la calidad del programa. Es importante tener una buena dicción y asegurarse de pronunciar correctamente los nombres, lugares y terminología específica.

No tener en cuenta la audiencia: No adaptar el tono, el lenguaje y el nivel de detalle de las noticias a la audiencia objetivo puede hacer que el programa no resuene con los oyentes. Es esencial comprender a la audiencia y adaptar el contenido para satisfacer sus necesidades e intereses.

Desorganización y falta de estructura: Un programa de noticias desorganizado y sin una estructura clara puede dificultar la comprensión y seguimiento de las noticias por parte de los oyentes. Es importante establecer una estructura coherente, ordenada y predecible para facilitar la experiencia de escucha.

Falta de diversidad en las fuentes y temas: Limitarse a fuentes de información limitadas o a un conjunto estrecho de temas puede resultar en un programa de noticias monótono y poco informativo. Es esencial buscar una variedad de fuentes y cubrir una amplia gama de temas para ofrecer una perspectiva más completa y enriquecedora.

Estos son algunos de los errores más comunes que se cometen al realizar un programa de noticias radial. Es importante tener en cuenta estos errores y esforzarse por mejorar continuamente la calidad y la precisión del programa.

Al realizar un programa de televisión o transmisión en vivo, existen varios errores comunes que se pueden cometer. Aquí tienes algunos de ellos:

Problemas técnicos: Los errores técnicos son comunes en la transmisión en vivo, como fallas en el sonido, la iluminación, problemas de cámara o interrupciones de señal. Estos problemas pueden afectar la calidad de la producción y la experiencia del espectador.

Errores en el guion: Olvidar líneas, tropezar con las palabras o cometer errores en el guion pueden ocurrir durante la transmisión en vivo. Es importante practicar y estar familiarizado con el contenido para minimizar estos errores.

Falta de sincronización: En un programa en vivo, es crucial que los presentadores, invitados y equipos de producción estén sincronizados. La falta de coordinación puede causar interrupciones, confusiones y dificultades en la fluidez del programa.

Tiempos de duración incorrectos: No respetar los tiempos asignados para segmentos, entrevistas o reportajes puede desequilibrar el programa y causar problemas de programación. Es esencial administrar el tiempo de manera adecuada y tener una planificación clara.

Reacciones inapropiadas: En un programa en vivo, es importante mantener la compostura y reaccionar adecuadamente a cualquier situación imprevista. Las reacciones inapropiadas, los comentarios fuera de lugar o las expresiones faciales negativas pueden afectar la credibilidad del programa y su presentador.

Problemas de vestuario o apariencia: El vestuario inapropiado, problemas de maquillaje o peinado descuidado pueden distraer al espectador y afectar la percepción del programa. Es importante cuidar la apariencia personal y asegurarse de que el vestuario y el maquillaje sean adecuados para la ocasión.

Falta de interacción con el público: No involucrar al público o no responder a sus preguntas o comentarios durante el programa puede hacer que los espectadores se sientan excluidos. Es importante fomentar la participación del público y responder de manera activa y atenta a sus interacciones.

Estos son algunos de los errores más comunes que se pueden cometer al realizar un programa de televisión en vivo. La práctica, la planificación adecuada y la capacidad de adaptación son clave para minimizar estos errores y ofrecer una transmisión en vivo exitosa.

Al realizar un podcast, es posible cometer varios errores comunes. Aquí tienes algunos de ellos:

Calidad de audio deficiente: Uno de los errores más comunes en los podcasts es tener una calidad de audio deficiente. Esto puede deberse a problemas de grabación, micrófonos de baja calidad o falta de edición y mejora de audio. Es esencial asegurarse de tener un sonido claro y de buena calidad para una experiencia auditiva agradable.

Contenido poco estructurado: Un podcast desorganizado o sin una estructura clara puede dificultar la comprensión y seguimiento del tema para los oyentes. Es importante tener una planificación adecuada y establecer una estructura coherente con segmentos o secciones definidas.

Duración excesiva o insuficiente: Tener episodios de podcast demasiado largos o demasiado cortos puede afectar la experiencia del oyente. Es importante encontrar un equilibrio y adaptar la duración de los episodios al contenido y estilo del podcast.

Falta de preparación: No prepararse adecuadamente antes de grabar un episodio puede llevar a improvisaciones, divagaciones o falta de fluidez en la comunicación. Es esencial investigar y organizar el contenido, tener notas o guiones y practicar antes de grabar.

Ausencia de edición: Publicar episodios sin editar puede resultar en errores, pausas largas, repetición de información o ruido de fondo no deseado. La edición es una parte importante del proceso de podcasting para mejorar la calidad, eliminar errores y ofrecer un producto final más pulido.

Falta de promoción: No promocionar adecuadamente el podcast puede limitar su alcance y audiencia potencial. Es importante utilizar las redes sociales, el marketing en línea y otras estrategias de promoción para difundir y hacer crecer la base de seguidores del podcast.

No interactuar con los oyentes: No responder a los comentarios, preguntas o sugerencias de los oyentes puede afectar la conexión y el compromiso con la audiencia. Es importante fomentar la participación del público y responder de manera activa a sus interacciones.

Estos son algunos de los errores más comunes que se pueden cometer al realizar un podcast. Tener en cuenta estos errores y esforzarse por mejorar en cada episodio puede ayudar a ofrecer un contenido de mayor calidad y atraer a más oyentes.

Dentro del campo de las relaciones públicas, es posible cometer varios errores comunes. Aquí tienes algunos de ellos:

Falta de planificación estratégica: No tener una estrategia clara y objetivos definidos puede llevar a acciones y comunicaciones inconsistentes o ineficaces. Es importante establecer metas y desarrollar un plan estratégico para guiar las actividades de relaciones públicas.

Comunicación deficiente: No mantener una comunicación clara y efectiva con los públicos objetivo puede generar malentendidos, falta de información y percepciones negativas. Es esencial establecer una comunicación bidireccional, escuchar activamente y proporcionar información relevante y oportuna.

Falta de adaptación al entorno digital: Ignorar las plataformas digitales y no adaptarse al entorno en línea puede limitar el alcance y la efectividad de las acciones de relaciones públicas. Es importante utilizar las redes sociales, sitios web y otras herramientas digitales para llegar a la audiencia objetivo y gestionar la reputación en línea.

No gestionar adecuadamente las crisis: No estar preparado para gestionar y comunicar en situaciones de crisis puede generar daños significativos a la reputación de una organización. Es esencial contar con un plan de gestión de crisis, comunicar de manera transparente y actuar rápidamente para abordar los problemas.

Ausencia de medición y evaluación: No medir ni evaluar el impacto y los resultados de las actividades de relaciones públicas puede dificultar la mejora y la demostración del valor. Es importante establecer indicadores clave de rendimiento (KPI) y realizar evaluaciones periódicas para ajustar las estrategias y demostrar el retorno de la inversión (ROI).

Enfoque excesivo en la autopromoción: Centrarse únicamente en promover la organización o el cliente sin considerar las necesidades y expectativas de los públicos objetivo puede llevar a la falta de credibilidad y conexión. Es importante adoptar un enfoque centrado en las relaciones, enfocándose en la creación de valor y la satisfacción del público objetivo.

Falta de ética y transparencia: No actuar de manera ética, transparente y responsable puede erosionar la confianza y dañar la reputación de una organización. Es esencial seguir principios éticos sólidos y comunicar de manera transparente, manteniendo la honestidad y la integridad en todas las acciones de relaciones públicas.

Estos son algunos de los errores más comunes que se pueden cometer en el campo de las relaciones públicas. Es importante aprender de ellos, adaptarse a los cambios del entorno y seguir las mejores prácticas para lograr resultados efectivos en la gestión de la reputación y las comunicaciones.

Como community manager, existen varios errores comunes que se pueden cometer en el manejo de las redes sociales y la comunidad en línea. Aquí tienes algunos de ellos:

Falta de planificación estratégica: No tener una estrategia clara y objetivos definidos puede llevar a publicaciones y acciones inconsistentes o ineficaces en las redes sociales. Es esencial establecer metas y desarrollar una estrategia que se alinee con los objetivos de la organización.

Respuestas inadecuadas o tardías: No responder a los comentarios, preguntas o quejas de los seguidores de manera oportuna y adecuada puede afectar la percepción de la marca y la satisfacción del cliente. Es importante ser proactivo y estar atento a las interacciones de la comunidad en línea.

Falta de personalización: No personalizar las respuestas o el contenido para cada plataforma o audiencia puede generar una sensación de impersonalidad y desconexión. Es importante adaptar el tono, el estilo y el contenido a cada plataforma y a las características de la comunidad en línea.

No escuchar a la comunidad: Ignorar las opiniones, sugerencias o preocupaciones de la comunidad puede generar insatisfacción y una mala imagen de la marca. Es esencial escuchar activamente, valorar el feedback de los seguidores y responder de manera respetuosa.

Uso excesivo de promociones y ventas: Centrarse únicamente en promover productos o servicios sin brindar valor o contenido relevante puede alejar a la comunidad y afectar la credibilidad de la marca. Es importante equilibrar las publicaciones promocionales con contenido informativo, entretenido o educativo.

Falta de autenticidad y transparencia: No ser auténtico ni transparente en las interacciones puede generar desconfianza y afectar la relación con la comunidad en línea. Es importante ser genuino, honesto y transparente en la comunicación y las acciones.

No estar actualizado: No mantenerse al tanto de las últimas tendencias, noticias o cambios en las plataformas de redes sociales puede limitar la efectividad del trabajo como community manager. Es esencial estar actualizado, seguir las mejores prácticas y adaptarse a los cambios del entorno digital.

Estos son algunos de los errores más comunes que se pueden cometer como community manager. Es importante aprender de ellos, estar en constante mejora y adaptarse a las necesidades y expectativas de la comunidad en línea para lograr una gestión efectiva de la marca y una relación sólida con los seguidores

MARLON IVÁN
GENOVEZ IGLESIAS

📱 0984120826
✉ marlon_genovez@hotmail.com

Fecha de Nacimiento: 19 /07/1982
Ciudad: Cuenca / Azuay / Ecuador

MAGISTER EN COMUNICACIÓN Y MARKETING.
CUARTO NIVEL MAESTRÍA
Número de Registro SENESCYT: 1033-2017-1878174
Fecha de Registro: 2017-09-11
UNIVERSIDAD DEL AZUAY

MAGISTER EN TECNOLOGÍA E INNOVACIÓN EDUCATIVA
CUARTO NIVEL MAESTRÍA
Número de Registro SENESCYT: 1077-2023-2637883
Fecha de Registro: 2023-04-05
UNIVERSIDAD TECNOLÓGICA ECOTEC

LICENCIADO EN COMUNICACIÓN SOCIAL
TERCER NIVEL
UNIVERSIDAD POLITÉCNICA SALESIANA
Número de Registro SENESCYT: 1033-2017-1878174
Fecha de Registro: 2011-12-07
Nominado como el **MEJOR GRADUADO** de la promoción

TECNÓLOGO EN COMUNICACIÓN SOCIAL
TERCER NIVEL
UNIVERSIDAD POLITÉCNICA SALESIANA
Número de Registro SENESCYT: 1034-11-1037577
Fecha de Registro: 2011-02-11

BACHILLER TÉCNICO EN INFORMÁTICA
BACHILLERATO TÉCNICO
COLEGIO EXPERIMENTAL MANUEL J. CALLE

PILOTO PARA OPERACIÓN DE AERONAVES NO TRIPULADAS RPAs **CERTIFICACIÓN**
DIRECCIÓN GENERAL DE AVIACIÓN CIVIL - DGAC
No DE OFICIO: DGAC– DGAC-2021-0308-0
CERT: 000118

CANTAUTOR
3 DISCOS DE AUTOR.
REGISTRO SOCIEDAD DE AUTORES Y COMPOSITORES DEL ECUADOR (SAYCE)
COREUTA CONSERVATORIO NACIONAL "JOSÉ MARÍA RODRIGUEZ" (6 AÑOS)

DIPLOMADO INTERNACIONAL EN COMUNICACIÓN PÚBLICA
(EN PROCESO)
UNIÓN IBEROAMERICANA DE MUNICIPALISTAS (UIM)
ESPAÑA

Este libro contiene imágenes de uso libre correspondiente a cada autor.

www.ingramcontent.com/pod-product-compliance
Lightning Source LLC
Chambersburg PA
CBHW070814220526
45466CB00002B/659